BEI GRIN MACHT SICH IHR WISSEN BEZAHLT

- Wir veröffentlichen Ihre Hausarbeit, Bachelor- und Masterarbeit

- Ihr eigenes eBook und Buch - weltweit in allen wichtigen Shops

- Verdienen Sie an jedem Verkauf

Jetzt bei www.GRIN.com hochladen und kostenlos publizieren

Bibliografische Information der Deutschen Nationalbibliothek:

Die Deutsche Bibliothek verzeichnet diese Publikation in der Deutschen Nationalbibliografie; detaillierte bibliografische Daten sind im Internet über http://dnb.d-nb.de/ abrufbar.

Dieses Werk sowie alle darin enthaltenen einzelnen Beiträge und Abbildungen sind urheberrechtlich geschützt. Jede Verwertung, die nicht ausdrücklich vom Urheberrechtsschutz zugelassen ist, bedarf der vorherigen Zustimmung des Verlages. Das gilt insbesondere für Vervielfältigungen, Bearbeitungen, Übersetzungen, Mikroverfilmungen, Auswertungen durch Datenbanken und für die Einspeicherung und Verarbeitung in elektronische Systeme. Alle Rechte, auch die des auszugsweisen Nachdrucks, der fotomechanischen Wiedergabe (einschließlich Mikrokopie) sowie der Auswertung durch Datenbanken oder ähnliche Einrichtungen, vorbehalten.

Impressum:

Copyright © 2010 GRIN Verlag, Open Publishing GmbH
Druck und Bindung: Books on Demand GmbH, Norderstedt Germany
ISBN: 978-3-656-06491-6

Dieses Buch bei GRIN:

http://www.grin.com/de/e-book/182393/ausarbeitung-zu-euklid-und-seinem-werk-die-elemente

Lena Fietzel

Ausarbeitung zu Euklid und seinem Werk "Die Elemente"

GRIN Verlag

GRIN - Your knowledge has value

Der GRIN Verlag publiziert seit 1998 wissenschaftliche Arbeiten von Studenten, Hochschullehrern und anderen Akademikern als eBook und gedrucktes Buch. Die Verlagswebsite www.grin.com ist die ideale Plattform zur Veröffentlichung von Hausarbeiten, Abschlussarbeiten, wissenschaftlichen Aufsätzen, Dissertationen und Fachbüchern.

Besuchen Sie uns im Internet:

http://www.grin.com/

http://www.facebook.com/grincom

http://www.twitter.com/grin_com

UNIVERSITÄT HILDESHEIM

Euklid

Die Elemente

Fachwissenschaftliche Vertiefung Mathematik
Seminar: Mathematik in Alltag und Geschichte

Sommersemester 2010

Abgabe : 30.09.2010

Lena Fietzel

Inhaltsverzeichnis

Einleitung 1

1. Historische Einordnung 1
2. Person und Leben 4
3. Werke 5
   3.1 Allgemeiner Überblick 5
   3.2 Die Elemente 6
      3.2.1 Grundlegendes über die Elemente 6
      3.2.2 Der deduktive Aufbau 7
      3.2.3 Inhaltliche Höhepunkte 10
      3.2.4 Über die Unendlichkeit der Primzahlen 10
      3.2.5 Die Irrationalität einer Quadratdiagonalen 11
      3.2.6 Das Parallelenpostulat 12
4. Resümee 13

Literaturverzeichnis 15

Selbstständigkeitserklärung 16

Anhang 17

Einleitung

Im Rahmen des Seminars „Mathematik in Geschichte und Alltag" wurde mir das Oberthema „Mathematik in griechisch-hellenistischer Zeit" zugeteilt, über welches ich ein Referat vorbereitete. Die vorliegende Arbeit ist eine Ausarbeitung dessen.

Es wird zunächst ein kurzer Überblick über die Mathematik und ihre Wissenschaftler in der hellenistischen Periode dargeboten, um dann speziell auf Euklid als einen Vertreter dieser näher einzugehen. Dazu werden die Person Euklid, sein Leben sowie seine Werke vorgestellt, wobei auf „Die Elemente" spezifischer eingegangen wird.

Ich möchte mit dieser Seminararbeit der Frage auf den Grund gehen, was Euklid und vor allem sein größtes Werk „Die Elemente" so besonders erscheinen lässt und die Besonderheiten der „Elemente" herausarbeiten.

1. Historische Einordnung[1]

Die griechisch-hellenistische Mathematik entfaltete sich vom etwa siebten bzw. sechsten Jahrhundert v.Chr. bis ca. ins fünfte Jahrhundert n. Chr. . Dieses Jahrtausend der Entwicklung lässt sich in differenzierte Perioden einteilen, und zwar in die **ionische**, die **athenische** und die **hellenistische Periode**, welche die Blütezeit der griechischen Mathematik darstellt.

Die Mathematik der **ionische Periode** entstand im Zusammenhang mit der ionischen Naturphilosophie und verdankt ihr somit ihren Namen. Während der Zeit von ca. 600 bis 450 v.Chr. wirkten einige wichtige Wissenschaftler oder Philosophen mit, die Anfänge der wissenschaftlichen Mathematik zu entfalten. Dazu lässt sich **Thales von Milet** (einer der sieben Weltweisen) zählen, der u.a. herausfand, dass die Basiswinkel in einem gleichschenkligen Dreieck gleich sind, die Scheitelwinkel zwischen zwei sich schneidenden Geraden gleich sind, der Durchmesser den Kreis halbiert und ein Dreieck im Halbkreis rechtwinklig ist, der berühmte Satz des Thales[2]. Ein weiterer Vertreter dieser Periode ist der Gelehrte **Demokrit von Abdera**. Er verfasste insbesondere Denkschriften „Über die Berührung von Kreis und Kugel", „Über Geometrie", „Über Zahlen" und „Über irrationale Strecken". Weiterhin kann man ihm die Erfindung des Gewölbebaues und Untersuchungen zum Perspektivengesetz beimessen. Er berechnete Volumina von Kegel und Pyramide korrekt, jedoch blieb dies vorerst bis zu Eudoxos und Archimedes ohne Beweis. Der

---
[1] Literaturgrundlage dieses Kapitels ist WUSSING, H., S.143 – 217.
[2] Vgl. SCRIBA, C.J., SCHREIBER, P., S.31.

berühmteste Geometer des 5. Jahrhunderts **Hippokrates von Chios** (ca.440 v.Chr.) stellte ein Lehrbuch mit allen bisherigen geometrischen Erkenntnissen zusammen. Vor allem widmete er sich der Untersuchung von „Möndchen": der Entdeckung, dass sich bestimmte krummlinig begrenzte Flächen quadrieren lassen, der Kreis sich hingegen nicht einfach quadrieren lässt. **Die Pythagoreer**, Anhänger des **Pythagoras**, hatten die Grundidee, dass das Wesen der Welt in der Harmonie der Zahlen besteht. Sie personifizierten Zahlen und schrieben ihnen Gefühle wie Hass oder Liebe zu. So ließen sie den Begriff einer vollkommenen Zahl (eine Zahl, die gleich der Summe ihrer echten Teiler ist) entstehen und fanden eine Formel $n = 2^{(m-1)} * (2^m - 1)$ wobei $2^{(m-1)}$ eine Primzahl ist, um sie zu beschreiben. Obwohl das weitreichende Wissen der Pythagoreer einem ideologisch-religiösem System zu Grunde lag, wurde es später in den Elementen des Euklid wieder aufgegriffen, wie zum Beispiel der Beweis der Winkelsumme im Dreieck oder die Konstruktion des regelmäßigen Fünfecks mit Hilfe des goldenen Schnitts. Andererseits entdeckten die Pythagoreer ebenfalls, dass es Strecken gibt, deren Längenverhältnis eine irrationale Zahl ist und zerstörten somit die Idee der „arithmetica universalis" und ihre eigene Weltanschauung.

Mit der Vorherrschaft Athens über die anderen griechischen Stadtstaaten verlagerten sich auch das Zentrum der Wissenschaft und die mathematische Forschung nach Athen. Aus diesem Grund ist der Zeitraum von etwa 450 bis 300 v.Chr. als **athenische Periode** deklariert. Die Mathematik wurde neu aufgebaut nach dem Einsturz der „arithmetica universalis" und nahm eine spezifische Form an, in der der Umgang mit irrationalen und algebraischen Problemen in die Geometrie verschoben wurde. **Platon** räumt der Mathematik einen gewaltigen Raum in seiner Philosophie ein. Mathematik ist für ihn eine Wissenschaft, die Ergebnisse durch bloßes Denken finden kann. Für ihn bestehen „Stuhl" oder „Dreieck" als Idee und die tatsächlichen Gegenstände oder Zeichnungen sind nur eine Art Beispiel oder Kopie der Idee. Er gründete die Akademie in Athen und ermöglichte die Herausbildung der Mathematik als eine rein deduktiv herleitbare Wissenschaft[3]. In Verbundenheit mit der platonischen Schule hat sich **Theodoros** mit der Irrationalität beschäftigt und angeblich Beweise hierfür anhand der Quadratwurzeln aus 3, 5, 7, 8, 10, …17 angegeben. Als der bedeutendste Mathematiker seiner Zeit muss **Euxodos von Knidos** erwähnt werden. Inspiriert durch die pythagoreische Auffassung, alle Zahlen seien aus einer Einheit zusammengesetzt, wobei diese Einheit jedoch unteilbar ist, entwickelte er eine Größen- und Proportionslehre, die auch irrationale Zahlen einbezog: *„Zahlen stehen in Proportionen, wenn die erste von der*

---

[3] Vgl. SCRIBA, C.J., SCHREIBER, P., S.38.

zweiten Gleichvielfaches oder derselbe Teil oder dieselbe Menge von Teilen ist wie die dritte von der vierten."[4] Obwohl der Begriff der Irrational<u>zahl</u> noch nicht von ihm erwähnt wird, hat er mit seinen Überlegungen dennoch die Basis für die spätere Integralrechnung geschaffen.

Die **hellenistische Periode** reicht ca. von 300 v.Chr. bis 150 n.Chr. Nach dem Tod Alexanders des Großen splittete sich zwar sein Weltreich in Nachfolgestaaten, doch seine griechische Kultur, die überall Einheit gebieten sollte, wurde zur Mode und vermischte sich teilweise mit den östlichen Kulturen. Alexandria wurde nun zur wissenschaftlichen und kulturellen Hauptstadt. Mit **Archimedes** (ca. 287 bis 212 v.Chr.) erreichte die antike Mathematik ihren Höhepunkt. Er erfand zum Beispiel das „Sieb des Eratosthenes", womit es ihm gelang durch systematisches Streichen von zusammengesetzten Zahlen Primzahlen herauszufiltern. Des Weiteren hatte er mit der Quadratur der Parabel Erfolg und berechnete die exakte Fläche eines Parabelabschnittes mit Hilfe der Aufsummierung einer unendlichen geometrischen Reihe. Er beschäftigte sich mit *Kugel und Zylinder*, und schrieb Abhandlungen über Bogenlängen, Rotationsellipsoiden, Rotationshyperboloiden und Schwerpunkten solcher Flächen und Körper. Ein paar Jahre jünger als Archimedes war der damals in Alexandria studierende **Apollonios von Perge**. Er schrieb u.a. die achtbändige Kegelschnittlehre „Konika". Der heute als Ingenieur bezeichnete **Heron von Alexandria** vertrat die Ansicht, dass Mathematik der Bedienung praktischer Bedürfnisse dienen sollte. Seine Werke können als Gegenstück zu denen Euklids gesehen werden, der fast gänzlich auf die praktische Darlegung verzichtet hatte. Durch den nahen Praxisbezug haben Herons Schriften wie „Vermessungskunde", „Geschützkunde" oder auch „Mechanik" weite Verbreitung gefunden. Andererseits entwickelte er aber auch streng mathematisch aufgebaute Definitionen, Beweise und Sätze, wie zum Beispiel das Heron Verfahren zur Wurzelberechnung. Weitere Mathematiker, die dieser Epoche zugeordnet werden, sind Diophant von Alexandria („Diophantische Gleichung") und Pappos von Alexandria (u.a. schrieb er Kommentare zu Euklids Elementen und zum „Algamast").

Weiterhin ist die hellenistische Periode die Periode des **Euklids**. In seinem Hauptwerk „Die Elemente" fasste er die damaligen Ergebnisse der Mathematikwissenschaft zusammen, ordnete sie, griff auf andere Mathematiker zurück und ergänzte es mit eigenen Forschungsergebnissen. Im Folgenden werden nun Person und Leben des Euklids vorgestellt.

---

[4] EUKLID, Buch VII, Definition 20.

2. Person und Leben

Über die biografischen Daten und das Leben Euklids können nur Vermutungen angestellt werden. *„Von Euklid (eigentlich Eukleides, was aber als Euklid mit langem i zu sprechen ist) ist, [...], nicht eine einzige sicher belegte Tatsache bekannt."*[5] Schon allein der Name, wie in dem Zitat bemerkt, führt zu Verwirrung. Zur Zeit der Antike gab es eine große Zahl an Wissenschaftlern, Philosophen, Politikern, Handwerkern oder Ärzten, die ebenfalls den Namen Eukleides bzw. Euklid trugen. Aus diesem Grund bekam dieser Euklid, der vermutlich die Elemente und die anderen mathematischen und physikalischen Schriften verfasste, den Beinamen „der Geometer", was „der Vermessungsexperte" bedeutet.[6] Trotz dessen kam es jedoch zu einer gravierenden Verwechselung mit dem Philosophen Euklid von Megara, der u.a. als ein Schüler des Sokrates ca. 450 – 380 v.Chr. in Athen lebte. *„Diese Identifizierung findet sich schon im 1.Jh.u.Z. bei dem römischen Schriftsteller Valerius Maximus und wurde erstmals wieder 1572 von dem Euklidübersetzer und –bearbeiter Commandino zurückgewiesen."*[7] Dies wirkte sich zusätzlich negativ auf die Tradierung Euklids´ Lebensdaten aus.

Die meisten Anhaltspunkte über Euklid gewinnen wir aus spätantiker Zeit oder aus islamischen Schriften. In der wohl berühmtesten Anekdote über Euklid geht es um Ptolemaios, der ihn gefragt haben soll, ob man nicht eine kürzeren Weg zur Geometrie einschlagen könne, ohne so viel der Mühen. Euklid soll daraufhin gesagt haben, es gebe keinen besonderen Weg für Könige zur Geometrie.[8] Joannes Stobaios schrieb hingegen als makedonischer Schriftsteller im 5. Jahrhundert von einem Studenten Euklids, der den ersten Satz der Elemente gelernt hatte und nach dem Nutzen fragte. Euklid soll daraufhin einem Sklaven befohlen haben, dem Studenten ein wenig Geld zu geben, da er dieses wohl nötig habe, wenn er so eilig nach der Zweckdienlichkeit frage.[9] Als dritte Anekdote sei die des islamischen Gelehrten Ibn Ja'qub an-Nadim aus dem 10. Jahrhundert zu nennen. Sie handelt von der Entstehung der euklidischen Elemente und ist sehr stark märchenhaft geprägt[10].

Auf Grund der wenigen Informationen, die über Euklid bestehen, stellten einige Mathematikhistoriker die Existenz von Euklid gänzlich in Frage. So zum Beispiel der

---

[5] SCHREIBER, P., S.25.
[6] Vgl. SCHÖNBECK, J., S.11.
[7] SCHREIBER, P., S.26.
[8] Vgl. WUSSING, H., S.191.
[9] Vgl. SCHREIBER, P., S.27.
[10] Vgl. SCHÖNBECK, J., S.6.

Franzose J.Itard, der 1961 behauptete, hinter dem Namen Euklid verberge sich nichts weiter als ein Pseudonym einer Gruppe von Mathematikern aus der alexandrinischen Periode.[11]

Unter Berücksichtigung des derzeitigen Forschungsstandes lässt sich jedoch mittlerweile auf folgende Hypothesen eine Einigung finden. Man geht davon aus, dass Euklid als schon berühmter Mathematiker nach Alexandria gerufen wurde, eventuell auf Bitten von Demetrios von Phaleron. Dort soll Euklid bei der Gründung des Museions, eine Forschungs- und Lehreinrichtung, Hilfe geleistet, eine Abteilung aufgebaut oder zumindest gelehrt haben.[12] Da viele seiner Schriften sowohl platonische Philosophie als auch aristotelische Methoden aufweisen, liegt die Vermutung nahe, dass der Geometer Euklid aus mindestens einer der beiden großen Philosophenschulen hervorging. Daher kam er vermutlich von Athen nach Alexandria.[13] Aus all diesen und auch noch anderen Vermutungen lassen sich zumindest grobe Eckpfeiler seiner Lebensdaten und Biografie zusammenstellen: sehr wahrscheinlich wurde der Geometer um 340 v.Chr. geboren, starb um 280 v.Chr. und seine Werke entstanden etwa um 300 v.Chr.[14]. Jedoch muss noch erneut darauf hingewiesen werden, dass es sich bei diesen Daten lediglich um Vermutungen handelt. Es könnte dennoch sein, dass Euklid sich niemals in Alexandria aufgehalten hat oder zum Baubeginn des Museions schon lange tot war.

3. Werke

3.1 Allgemeiner Überblick

Euklid werden im Allgemeinen 12 Schriften zugeschrieben mit je unterschiedlich hoher Authentizität. Einige davon sind schon früh verloren gegangen, weil sie durch andere Schriften verdrängt wurden. Die uns heute bekannten lassen sich in zwei Kategorien einteilen: die rein-mathematischen Schriften und die angewandt-mathematischen. Einen kleinen Überblick bietet Tabelle 1 auf der folgenden Seite.[15]

Die wohl bekannteste Schrift ist **Die Elemente,** auf die im folgenden Kapitel näher eingegangen wird. Die **Data** (griech.: gegebene Dinge) ist den Elementen sehr ähnlich und stammt damit höchstwahrscheinlich aus der Feder des Euklids oder seiner Anhänger. Sie

---

[11] Vgl. SCHREIBER, P., S.25.
[12] Vgl. SCHÖNBECK, J., S.11.
[13] Vgl. SCHÖNBECK, J., S.11.
[14] Vgl. SCHÖNBECK, J., S.11., SCHREIBER, P. gibt hingegen auf S.26 die Lebensdaten 360 – 280 v.Chr. an.
[15] Ähnlich übernommen aus SCHÖNBECK, J., S.13.

beschäftigt sich im Gegensatz zu den Elementen mit einer nächsthöheren Abstraktionsstufe, mit Äquivalenzklassen von sinnlich wahrnehmbaren Objekten (z.B. Streckenlängen).[16] **Über die Teilung von Figuren** ist heute leider nur noch in arabischer Fassung erhalten und behandelt Aufgaben mit elementargeometrische Figuren, die durch zu konstruierte Geraden geteilt werden.[17] Zu den verlorenen Schriften gehören **die Porismen**. Sie enthielten vermutlich *„eine Anzahl tieferliegender Charakterisierungen von Geraden und Kreisen als geometrische Örter"* [18]. Bei den ebenfalls verlorenen **Pseudaria** handelt es sich wahrscheinlich um Trugschlüsse und „Schülerfehler". Die **Konika** befasste sich wohl mit der Berechnung und Lehre vom Kegelschnitt und wurde vermutlich von der späteren Fassung des Apollonius von Perge verdrängt.[19] Die mathematisch-angewandten Werke sind ebenso nur noch teilweise oder in anderen Sprachen erhalten.[20]

„reine Mathematik"		„Angewandte Mathematik" oder auch Physik
Erhalten	Verloren	
Die Elemente	Die Porismen	Die Optika
Die Data	Oberflächenörter	Katoptrik
Über die Teilung (von Figuren)	Pseudaria	Schnitt des Kanons (Elementarlehre der Musik)
* Spitze Winkel im Kreis	Konika	Phaenomena
		Über die Mechanik

Tabelle 1: Die Schriften des Euklids.

3.2 Die Elemente

3.2.1 Grundlegendes über die Elemente

„Die Elemente" ist die deutsche Übersetzung für „Ta stoicheia", das Hauptwerk Euklids, und wurde ursprünglich in griechischer Sprache verfasst. Als „stoicheia" wurden in der Antike

---

[16] Vgl. SCHREIBER, P., S.60.
[17] Vgl. SCRIBA, C.J., SCHREIBER, P., S.64.
[18] SCHREIBER,P., S.66.
[19] Vgl. SCHREIBER, P., S.55.
[20] Nähere Beschreibungen dieser Schriften können in SCHÖNBECK, J., S.88 nachgelesen werden. Hier wurde aufgrund des rein-mathematischen Schwerpunktes darauf verzichtet.

Grundbestandteile, Grundstoffe oder Grundlagen bezeichnet.[21] Genau dies spiegeln die Elemente von Euklid wieder. Peter Schreiber formuliert es so:

> „Die Elemente stellen keineswegs, wie man in oberflächlichen Darstellungen manchmal liest, eine Zusammenfassung des gesamten mathematischen Wissens ihrer Zeit dar. Sie bilden lediglich das Fundament für alle weitergehenden und spezielleren mathematischen Untersuchungen."[22]

Vor Euklid hat es schon mindestens drei andere Verfasser solcher Elemente gegeben, die ebenfalls die Niederschrift einer gemeinsamen mathematischen Basis anstrebten. Zu Erwähnen sind hier Hippokrates von Chios, der ca. 440 v.Chr. lebte, Leon (um 370 v.Chr.) und ca. im Jahre 340 v. Chr. Theudios von Magnesia.[23] Die Tatsache, dass keine weiteren (uns bekannten) Versuche unternommen wurden, die grundlegenden Elemente der mathematischen Wissenschaft aufzuzeichnen, zeugt davon, dass nach Euklids Elementen kein Bedarf mehr bestanden haben muss. Damit reiht sich Euklid mit „höchster Entwicklungsstufe" in die Tradition der schriftlichen Geometrie ein[24], sticht jedoch besonders hervor mit seinem methodisch-systematischen Aufbau, der im folgenden Kapitel näher erläutert wird.

3.2.2 Der deduktive Aufbau

Die Elemente setzen sich aus 13 Büchern zusammen, wobei ein Buch ursprünglich einem Kapitel auf einer Papyrusrolle entsprach. Später kamen zwei weitere Bücher – apokryphe Bücher genannt - hinzu, die jedoch nicht der Feder Euklids zugeordnet werden können. Die 13 Bücher lassen sich grob in vier verschiedene Themen unterteilen. Eine kurze Zusammenfassung ist in Tabelle 2 (nächste Seite) ersichtlich.[25] Die ersten vier Bücher sowie das sechste zählen zu den planimetrischen Büchern. Es geht um die Flächenberechnung und -inhalte im Raum. Dabei greift Euklid die Erkenntnisse von Hippokrates, den Pythagoreer und Eudoxos auf. Die arithmetischen Bücher, in denen es um Teilbarkeits-, Folgen- und Zahlenlehre geht, scheinen auf Archytas und die Pythagoreer zurückzugehen. Von der Flächenberechnung im Raum zeugen die Bücher elf bis dreizehn. Man findet in der Literatur jedoch auch andere Einteilungen der Bücher. Traditionell werden die Elemente in drei

---

[21] Vgl. SCHÖNBECK, J., S.134.
[22] SCHREIBER, P., S.32.
[23] Ebd.
[24] Vgl. SZABÓ, Á., S.317.
[25] Ähnlich übernommen aus SCHÖNBECK, J., S.132.

verschiedene Teile gegliedert, wobei Buch X zur Planimetrie gehört und Buch X zur Arithmetik, allerdings mit der Anmerkung, sie würden nicht richtig in diese Aufteilung passen.[26]

Dem heutigen Forschungsstand nach zu urteilen gilt es als relativ unwahrscheinlich, Euklid als alleinigen und unabhängigen Autor aller 13 Kapitel der Elemente anzusehen. Wahrscheinlich haben Schüler Euklids seine Vorlesungen zu Papier gebracht und dann unter seinem Namen veröffentlicht.[27]

Buch	Thema	Inhalt	Quelle/ Autor
I II III IV VI	Planimetrie	Dreieckslehre Flächenlehre Kreislehre Vieleckslehre Ähnlichkeitslehre	Hippokrates Pythagoreer Theudios (?) Pythagoreer Eudoxos
V X	Größenlehre	Proportionenlehre Lehre von den Irrationalitäten	Eudoxos Theaitetos
VII VIII IX	Arithmetik	Teilbarkeitslehre Folgenlehre Zahlenlehre	Pythagoreer Archytas (?) Pythagoreer
XI XII XIII	Stereometrie	Elementare Inhaltslehre Infinitesimale Inhaltslehre Lehre von den regulären Polyedern	Pythagoreer Eudoxos Theaitetos

Tabelle 2: Inhaltliche Gliederung der Elemente.

Jedes der Bücher beginnt in der Regel mit Definitionen. (Ausnahmen bilden allerdings die Bücher IIX und IX, die sich auf die Definitionen von Buch VII stützen sowie XII und XIII, die auf die Definitionen von Buch XI beziehen.)

So führt Euklid in seinem ersten Buch 23 Definitionen auf, die uns heute weitestgehend geläufig sind und auch im Schulunterricht benutzt werden, wie zum Beispiel

---

[26] Vgl. ARTMANN, B., S.3.
[27] Vgl. SCHÖNBECK, J., S.131.

Def. I, 23: „*Parallel sind gerade Linien, die in derselben Ebene liegen und dabei, wenn man sie nach beiden Seiten ins unendliche verlängert, auf keiner einander treffen.*"[28]

oder **Def. I, 17**: „*Ein Durchmesser des Kreises ist jene durch den Mittelpunkt gezogene, auf beiden Seiten vom Kreisumfang begrenzte Strecke...*"[29]

An diesen ist die moderne Logik, in der abgeleitete Begriffe auf Basisbegriffe herabgesetzt werden, zu erkennen. Andere Definitionen legen den Versuch einer Grundbegriffsbeschreibung dar[30], so **Def. I, 1**: „*Ein Punkt ist, was keine Teile hat*"[31].

Auf die Definitionen folgen die Grundsätze, die in fünf Postulate, also Forderungen geometrischer Natur[32] und neun Axiome, das bedeutet „*Grundsätze allgemeiner Art, deren Wahrheit unbestreitbar ist*"[33] unterteilt sind. In diesen Grundsätzen ruht der deduktive Aufbau der gesamten Schrift, sie bilden mit den Definitionen die Grundlage der euklidischen Elementargeometrie[34]. Aus diesen Grundlagen schöpft Euklid die Propositionen, die kleinsten Stoffeinheiten oder auch Behauptungen mathematischen Inhalts, die er in Lehrsätze mit deren Beweis, und (u.a. Konstruktions-)Aufgaben mit deren Lösung unterteilt. Es folgt ein Beispiel aus den Lehrsätzen, welches heute bekannt ist als Dreiecksungleichung:

„*In jedem Dreieck sind zwei Seiten, beliebig zusammengenommen, größer als die letzte*"[35], d.h. dass die Summe der Länge von zwei Dreiecksseiten immer größer ist als die Länge der

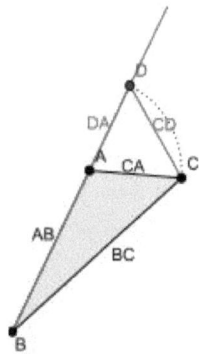
Abbildung 1: Dreiecksungleichung

dritten Dreiecksseite. Euklid gibt ein Dreieck ABC vor, und da, laut Behauptung, je zwei Seiten größer sind als die dritte, gilt: $\overline{BA} + \overline{AC} > \overline{BC}$; $\overline{AB} + \overline{BC} > \overline{AC}$; und $\overline{BC} + \overline{CA} > \overline{AB}$. Nun verlängert er die Strecke $\overline{BA}$ bis zum neuen Punkt D, sodass $\overline{DA}$ die gleiche Streckenlänge habe wie $\overline{CA}$. Das bedeutet $\overline{DA} = \overline{CA}$. Anschließend soll die Strecke $\overline{CD}$ ergänzt werden. Wegen $\overline{DA} = \overline{CA}$ gilt ∠ADC = ∠ACD (Buch I,§5: „*In einem gleichschenkligen Dreieck sind die Winkel an der Grundlinie einander gleich*"). Daher ist BCD > ADC (Axiom 8: „*Das Ganze ist größer als der Teil*").

---

[28] EUKLID, Buch I., Def. 23.
[29] EUKLID, Buch I, Def. 17.
[30] Vgl. SCRIBA, C.J., SCHREIBER, P., S.51.
[31] EUKLID, Buch I, Def. 1.
[32] Vgl. AUMANN, G., S.35.
[33] SCRIBA, C.J., SCHREIBER, P., S.51.
[34] Vgl. SCHÖNBECK, J., S.138.
[35] EUKLID, Buch I, §20 (L.13).

Euklid argumentiert weiterhin, dass für das Dreieck DBC ∠BCD > ∠BDC gilt, wobei „*dem größeren Winkel die größere Seite gegenüber* [liegt]" (Buch I,§19). Deshalb ist auch $\overline{DB} > \overline{BC}$. Da aber $\overline{DA} = \overline{CA}$, folgt daraus, dass $\overline{AB} + \overline{CA} > \overline{BC}$. Analog lässt sich das ebenso mit $\overline{AB} + \overline{BC} > \overline{CA}$ und $\overline{BC} + \overline{CA} > \overline{AB}$ durchführen.

Am aufgeführten Beispiel sieht man deutlich den deduktiven Aufbau, auf den Euklid sein größtes Werk stützt. Er fängt klein an und formuliert zuerst die Definitionen, Axiome und Postulate[36] und entwickelt daraus nach und nach seine Mathematik. Er nimmt immer wieder Bezug zu den schon erklärten Grundbegriffen und Propositionen, wiederholt sie unentwegt und folgert die mathematischen Sätze streng logisch aus den ersten Prinzipien. Der deduktive Aufbau zieht sich durch das ganze Werk wie ein roter Faden.

Beweise und Konstruktionen in seinen Elementen beendet Euklid mit den Worten „was zu beweisen / auszuführen war", im Original auf Griechisch lautet es „*hoper edei deixai/ hoper edei poiesai*"[37]. Dieser Abschluss eines Beweises ist heute immer noch auf Latein Usus in der Mathematik als q.e.d. (= quod erat demonstrandum).

In den Elementen finden sich u.a. besondere Beweise oder Konstruktionen, die im Laufe der Zeit immer wieder Mathematiker dazu veranlassten, darüber zu staunen, nachzudenken, zu rätseln und Kommentare zu schreiben. Im folgenden Kapitel soll eine kleine Auswahl solcher Lehrsätze kurz vorgestellt werden.

3.2.3 Inhaltliche Höhepunkte

3.2.4 Über die Unendlichkeit der Primzahlen[38]

„*Es gibt mehr Primzahlen als jede vorgelegte Anzahl von Primzahlen*", so formuliert es Euklid in Buch IX, §20, d.h. es gibt unendlich viele Primzahlen. Er geht zunächst von einer endlichen Menge an Primzahlen a, b, c aus. Daraus bildet er die „*kleinste gemessene Zahl*", also das Produkt, welches hier mit DE bezeichnet wird: $a \cdot b \cdot c = DE$. Nun soll zu DE eine Einheit DF hinzuaddiert werden, $DE + DF = EF$. Wenn EF dann eine Primzahl ist, dann ist die These widerlegt, es gebe nur die ursprünglich drei Primzahlen a, b, c. Wenn man annimmt, es sei keine Primzahl, dann sei sie Vielfaches von g, und es wird behauptet, dass g

---

[36] Siehe Originalquelle, Anhang S. ii-iii.
[37] Zitiert nach SCHÖNBECK, J., S.136.
[38] Siehe Anhang S. x.

„mit keiner der Zahlen a, b, c zusammenfällt." Es gilt aber weiterhin $a \cdot b \cdot c = DE$ → $a, b, c \mid DE$. Auch g müsste dann ein Teiler von DE sein, wobei g ebenso Teiler von EF ist. Das hätte aber zur Folge, dass g den Rest, also DF teilen müsste. Dies wäre nach Euklid Unsinn und daher ist $g \neq a, b, c$ und eine Primzahl. Das bedeutet es gibt eine weitere Primzahl g. Etwas freier formuliert bedeutet das:

Wir nehmen an, dass es endlich viele Primzahlen $2, 3, 5, 7, 11, 13, \ldots n$ gibt. Nun bilden wir das Produkt der Primzahlen und addieren die 1 hinzu $(2 \cdot 3 \cdot 5 \cdot 7 \cdot 11 \cdot 13 \cdot \ldots \cdot n) + 1$ und nennen sie N. Einerseits könnte diese neue Zahl N eine Primzahl sein, dann wären wir mit dem Beweis hier fertig, denn wir hätten eine andere Primzahl als die bisher bekannten gefunden. Andererseits könnte es keine Primzahl sein. Dann müsste diese Zahl N aber ja nicht nur durch 1 und sich selbst, sondern durch mindestens eine Primzahl teilbar sein. Weil N aber von der Struktur $(2 \cdot 3 \cdot 5 \cdot 7 \cdot 11 \cdot 13 \cdot \ldots \cdot n) + 1$ ist, kann sie durch keine der vorkommenden Zahlen ohne Rest geteilt werden (denn es bleibt immer 1 am Ende übrig). Daraus folgern wir, dass es eine Primzahl geben muss, durch die N teilbar ist, die nicht in unserer Liste aufgeführt ist und das wiederum bedeutet, wir haben keine endliche Menge an Primzahlen aufgestellt. So hat Euklid die Unendlichkeit der Primzahlen bewiesen, indem er darlegt, dass keine endliche Menge existiert, die alle Primzahlen fassen kann (indirekter Beweis). Das Euklid in der Antike noch nicht den Begriff der Unendlichkeit gebraucht, schmälert keinesfalls seine unglaubliche Vorstellungskraft, sich *„mehr Primzahlen als jede vorgelegte Menge an Primzahlen"* vorzustellen.

3.2.5 Die Irrationalität einer Quadratdiagonalen

„Man soll zeigen, daß (sic!) *in jedem Quadrat die Diagonale der Seite linear inkommensurabel ist"*, Buch X, §115a. Mit „inkommensurabel" meint Euklid diejenigen Größen, für die es kein gemeinsames Maß gibt.[39] Hier zeigt Euklid wieder mittels *„reductio ad absurdum"*[40] (Beweis durch Widerspruch) die Richtigkeit seines Satzes, indem er zunächst die Behauptung aufstellt, Seite und Diagonale des Quadrates seien zueinander kommensurabel. Für das Quadrat stellt er verschiedene Gleichungen auf, die er im Vorfeld schon bewiesen hatte, wie zum Beispiel $d^2 = 2a^2$, denn die Diagonale d teilt das Quadrat ja in zwei gleichgroße, rechtwinklige und gleichschenklige Dreiecke. Nun setzt Euklid voraus,

---

[39] Vgl. EUKLID, Buch X, Def. 1.
[40] SZABÓ, Á., S.337.

dass d und a prim gegeneinander sein sollen. Wenn nicht, kürze man die Zahlen so, dass sie keinen gemeinsamen Teiler haben. Daraus folgt, dass entweder a oder d ungerade ist. Da $d^2 = 2a^2$, also d^2 das Doppelte von a^2 ist, muss d^2 und somit dann auch d eine gerade Zahl sein. Also kann sie auch als $d = 2 \cdot m$ geschrieben werden. Durch Zusammensetzen und Vereinfachen erhalten wir:

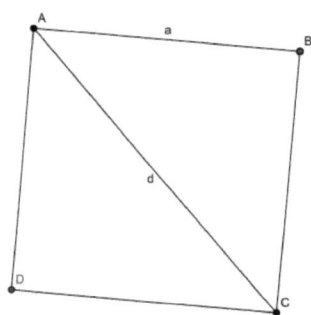

Abbildung 2: Irrationalität von Quadratdiagonale

$$d = 2m \ ; \ d^2 = 2a^2 \rightarrow (2m)^2 = 2a^2 \rightarrow$$
$$4m^2 = 2a^2 \rightarrow 2m^2 = a^2$$

Das bedeutet also, dass a das Doppelte von m^2 ist. Da a aber ja ungerade sein soll, wie am Anfang erklärt, kommt es hier zum Widerspruch, a kann nicht ungerade und gerade zugleich sein! Daher sind Seite und Diagonale des Quadrats seien zueinander kommensurabel.

Euklid zeigt also schon in der Antike, dass es Größen gibt, die irgendwie nicht zu den bisher bekannten passen und nicht durch diese gemessen werden können.

3.2.6 Das Parallelenpostulat

Wie bereits erwähnt, verfasste Euklid zur Eröffnung des ersten Buches fünf Postulate, die die Forderungen beschreiben[41]. Das Postulat über die Parallelen ist das fünfte und letzte Postulat und hat am häufigsten Kritik und Diskussion hervorgerufen. Daher wird es hier vorgestellt.

„Gefordert soll sein, daß (sic!), wenn eine gerade Linie beim Schnitt mit zwei geraden Linien bewirkt, daß (sic!) innen auf derselben Seite entstehende Winkel zusammen kleiner als zwei Rechte werden, dann die zwei Linien bei Verlängerung ins unendliche sich treffen auf der Seite, auf der die Winkel liegen, die zusammen kleiner als zwei Rechte sind."[42]

Das bedeutet, wenn man zwei Geraden a und b mit einer dritten Gerade s schneiden lässt und die daraus entstehenden innere Winkel α und β zusammen kleiner sind als zwei rechte Winkel, dann schneiden sich die beiden Geraden a und b bei Verlängerung ins Unendliche

---

[41] Nachzulesen im Anhang S. iii.
[42] EUKLID, Buch I, Postulat 5.

auf der Seite von s, auf der auch die Winkel α und β liegen (s. Abbildung 3). Aus diesem Postulat folgt unweigerlich, dass es zu einer Geraden durch einen Punkt immer nur eine Parallele geben kann. Dieses fünfte Postulat wurde schließlich zu dem, was die euklidische Geometrie ausmacht, denn:

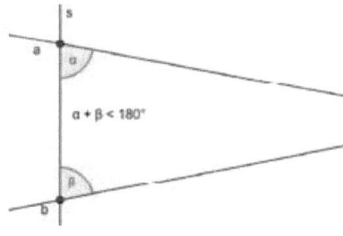

Abbildung 3: Das fünfte Postulat

Bereits seit der Antike bis ins 19. Jahrhundert hinein versuchten viele Mathematiker das fünfte Postulat aus anderen Voraussetzungen abzuleiten oder als Theorem zu beweisen, da dieses „*nicht dasselbe Maß an Selbstverständlichkeit und Anschaulichkeit (...) wie die anderen vier*" besaß[43]. Die Erforschung führte soweit, dass u.a. C.F. Gauss, N.I. Lobatschewski, J. Bolyai und G.F.B. Riemann zu Schöpfern von nicht-euklidischen Geometrien wurden, in denen es auch überhaupt keine (elliptische Geometrie) bzw. mindestens zwei Parallelen durch einen Punkt zu einer Geraden gibt (hyperbolische Geometrie)[44].

4. Resümee

Was ist das Besondere an den Elementen? Der deduktive Aufbau, die minutiöse Präzision beim Beweisen von Propositionen und der Wandel der Mathematik von der Erfahrungswissenschaft zu einer streng logisch aufgebauten Mathematik scheinen ihr Bestes dazuzugeben. Wenn man die Elemente studiert, fällt einem die hohe Schreiblust auf. Euklid wiederholt alles immer wieder und schreibt alle kleinsten Kleinigkeiten auf. Er wird auch als „Aufschreiber" charakterisiert. Dies ist wohl sehr typisch für ihn.

Euklids „die Elemente" ist gleich nach der Bibel das am zweithäufigsten gedruckte, editierte und in andere Sprachen übersetzte Werk[45] und nimmt Platz zwei in der Welt-Bestsellerliste ein[46]. Es war sogar so erfolgreich, dass der Name Euklid heute immer noch als Synonym für Mathematik bzw. Geometrie verwendet wird.

Bis in die nahe Vergangenheit wurden die Elemente immer wieder gelehrt und studiert und selbst im Elementarunterricht eingesetzt.[47] Dabei scheint das Buch nicht unbedingt an

---

[43] WUSSING, H., S.193.
[44] Vgl. SCHÖNBECK, J., S.155.
[45] Vgl. AUMANN, G., S.33.
[46] Vgl. SCHÖNBECK, J., S.199.
[47] Vgl. WUSSING, H., S.193.

Anfänger adressiert zu sein, hat es doch teilweise mit „*peinlicher Sorgfalt aufgebaute Beweise*" und der „*Beweis der allereinfachsten Sätze ist nicht da, um diejenigen zu überzeugen, die etwa Zweifel an den offenkundigen Aussagen hätten.*" , so ließt man bei Szabó[48]. Auch Schreiber versteht unter den Elementen, wie bereits erwähnt, ein gemeinsames Fundament für weitergehende und spezifischere Forschungen.

Euklid war also kein Didaktiker sondern „nur" der Vorreiter, der die Mathematik von der Erfahrungswissenschaft hin zur deduktiven, streng logischen Mathematik brachte?!

Wußing lobt die Elemente hingegen als Meisterwerk didaktischer Art und auch bei weiterer Literaturrecherche stellt man fest, dass viele Wissenschaftler oder Mathematiker davon ausgehen, dass Euklid eher als Didaktiker zu sehen ist. Andere wiederum heben hervor, dass weder die eine noch die andere Schublade, in die man ihn zu stecken versucht (Wissenschaftler versus Didaktiker) nicht absolut passend ist. Falls die Elemente von seinen Schülern als Mitschriften von Vorlesungen verfasst wurden, könnte er durchaus ein guter Didaktiker gewesen sein. Somit ließen sich viele Wiederholungen oder auch umstrittene Definitionen erklären. Falls er jedoch alles selber aufgeschrieben haben sollte, werden fehlende Motivation und Beispiele sowie die sture Aufeinanderfolge von Definitionen bemängelt, so nachzulesen in 5000 Jahre Geometrie.[49]

Wie auch immer, sein Werk sollte keinesfalls nur als „Zusammenfassung des gesamten mathematischen Wissens aufgefasst werden, sondern als weit aus mehr. Zu beachten ist außerdem, dass sich kein einziger falscher Satz in den Elementen finden lässt und die Beweisideen gelten als relativ modern.[50]

So möchte ich diese Hausarbeit mit den Worten von Peter Schreiber beenden:

„Die Lebens- und Anziehungskraft der Elemente über mehr als zwei Jahrtausende wäre kaum zu verstehen, wenn es sich nicht um ein außerordentlich vielschichtiges Werk handeln würde, das immer neuen Generationen in immer anderem Licht erscheinen, immer neue Fragen aufwerfen und beantworten konnte"[51].

---

[48] SZABÒ, À., S.308.
[49] SCRIBA, C.J., SCHREIBER, P., S.51.
[50] Vgl. SCHREIBER, P., S.37.
[51] SCHREIBER, P., S.52.

Literaturverzeichnis

Primärliteratur:

- EUKLID: Die Elemente. Nach: THAER, C.: Euklid. Die Elemente. Buch I-XIII. Friedr. Vieweg & Sohn GmbH. Wissenschaftliche Buchgesellschaft Darmstadt. Braunschweig. 1969.

Sekundärliteratur:

- ARTMANN, B.: Euclid. The creation of mathematics. Springer- Verlag. New York. 1999.
- AUMANN, G.: Euklids Erbe. Ein Streifzug durch die Geometrie und ihre Geschichte. Wissenschaftliche Buchgesellschaft. Darmstadt. 2006.
- SCHÖNBECK, J.: Euklid. Um 300 v.Chr. Birkhäuser Verlag. Basel. 2003.
- SCHREIBER, P.: Euklid. Biografien hervorragender Naturwissenschaftler, Techniker und Mediziner. 1. Auflage. BSB B. Teubner Verlagsgesellschaft. Leibzig. 1987.
- SCRIBA, C.J., SCHREIBER, P.: 5000 Jahre Geometrie. Geschichte, Kulturen, Menschen. Springer-Verlag. Berlin. 2005.
- SZABÓ, Á.: Die Entfaltung der griechischen Mathematik. Lehrbücher und Monographien zur Didaktik der Mathematik. Band 26. Bibliografisches Institut & F.A. Brockhaus AG. Mannheim. 1994.
- WUSSING, H.: 6000 Jahre Mathematik. Eine kulturgeschichtliche Zeitreise. Band 1. Springer-Verlag. Berlin. 2008.

Selbstständigkeitserklärung

Ich versichere, dass ich die vorliegenden Arbeit selbstständig verfasst und keine anderen Hilfsmittel als die angegebenen verwendet habe. Alle Stellen der Arbeit, die anderen Werken wörtliche oder sinngemäß entnommen sind, sind unter Angabe der Quelle als Entlehnung kenntlich gemacht.

_____

Anhang

Quellenzusammenstellung:

- EUKLID: Die Elemente. Nach: THAER, C.: Euklid. Die Elemente. Buch I-XIII. Friedr. Vieweg & Sohn GmbH. Wissenschaftliche Buchgesellschaft Darmstadt. Braunschweig. 1969. S.1-15, 204-205, 312-314.

BEI GRIN MACHT SICH IHR WISSEN BEZAHLT

- Wir veröffentlichen Ihre Hausarbeit, Bachelor- und Masterarbeit

- Ihr eigenes eBook und Buch - weltweit in allen wichtigen Shops

- Verdienen Sie an jedem Verkauf

Jetzt bei www.GRIN.com hochladen und kostenlos publizieren